上海市工程建设规范

公众移动通信室内信号覆盖系统设计与验收标准

Standard of indoor signal covering system designing and acceptance for public mobile communication

DG/TJ 08—1105—2022
J 10689—2022

主编单位：中国电信股份有限公司上海分公司
上海邮电设计咨询研究院有限公司
批准部门：上海市住房和城乡建设管理委员会
施行日期：2022 年 6 月 1 日

同济大学出版社

2022　上海

图书在版编目（CIP）数据

公众移动通信室内信号覆盖系统设计与验收标准/
中国电信股份有限公司上海分公司，上海邮电设计咨询研
究院有限公司主编. —上海：同济大学出版社，2022.10
　ISBN 978-7-5765-0347-0

　Ⅰ．①公… Ⅱ．①中…②上… Ⅲ．①移动网 Ⅳ.
①TN929.5

中国版本图书馆 CIP 数据核字（2022）第 157851 号

公众移动通信室内信号覆盖系统设计与验收标准

中国电信股份有限公司上海分公司
上海邮电设计咨询研究院有限公司　　主编

责任编辑　朱　勇
责任校对　徐春莲
封面设计　陈益平

出版发行　同济大学出版社　　www.tongjipress.com.cn
　　　　　（地址：上海市四平路 1239 号　邮编：200092　电话：021-65985622）
经　　销　全国各地新华书店
印　　刷　浦江求真印务有限公司
开　　本　889mm×1194mm　1/32
印　　张　1.5
字　　数　40 000
版　　次　2022 年 10 月第 1 版
印　　次　2022 年 10 月第 1 次印刷
书　　号　ISBN 978-7-5765-0347-0
定　　价　15.00 元

上海市住房和城乡建设管理委员会文件

沪建标定〔2022〕13号

上海市住房和城乡建设管理委员会关于批准《公众移动通信室内信号覆盖系统设计与验收标准》为上海市工程建设规范的通知

各有关单位：

由中国电信股份有限公司上海分公司和上海邮电设计咨询研究院有限公司主编的《公众移动通信室内信号覆盖系统设计与验收标准》，经我委审核，现批准为上海市工程建设规范，统一编号为 DG/TJ 08—1105—2022，自 2022 年 6 月 1 日起实施。原《公用移动通信室内信号覆盖系统设计与验收标准》DG/TJ 08—1105—2017 同时废止。

本标准由上海市住房和城乡建设管理委员会负责管理，中国电信股份有限公司上海分公司负责解释。

上海市住房和城乡建设管理委员会

二〇二二年一月五日

前　言

　　根据上海市住房和城乡建设管理委员会《关于印发〈2020年上海市工程建设规范、建筑标准设计编制计划〉的通知》（沪建标定〔2019〕752号）的要求，由中国电信股份有限公司上海分公司和上海邮电设计咨询研究院有限公司会同有关单位对《公用移动通信室内信号覆盖系统设计与验收标准》DG/TJ 08—1105—2017进行修订，编制成本标准。

　　本标准主要内容有：总则；术语；基本规定；系统设计要求；配套设计要求；验收要求。

　　本标准根据通信业发展及相关政策法规的变化，更新了对本市公众移动通信室内信号覆盖系统的设计与验收要求，以有效支持4G和5G公众移动通信网覆盖建设，对系统技术要求和土建、电源、管线等配套要求作了补充，为规范工程建设、平等接入和资源共建共享提供指导。本次修订主要内容有：

　　1. 增加"基本规定"章节，对室内信号覆盖范围、目标、系统组成、共建共享建设、隐蔽建设等系统性要求作原则性规定。

　　2. 对"系统设计要求"章节进行扩充完善，新增"总体设计要求""集中式信号源""分布系统"等内容。

　　3. 原"建筑与机电工程"章节调整为"配套设计要求"，原"机房设计要求"节调整为"机房"，原"电气设计要求"节调整为"电源"，原"管线设计要求"节调整为"管道与线缆"，并更新了各节内容。

　　4. 原"验收要求和测试方法"章节调整为"验收要求"，取消原"一般规定""性能验收"和"测试方法"的分节设置，重新编制本章内容，对公众移动通信室内信号覆盖系统工程验收的组成、内容和要求进行明确,并将其分为建筑配套验收和通信系统验收两个阶段。

各单位及相关人员在执行本标准的过程中,如有意见和建议,请反馈至上海市通信管理局(地址:上海市中山南路 508 号;邮编:200010;E-mail:txfz@mailshca.miit.gov.cn),中国电信股份有限公司上海分公司(地址:上海市世纪大道 211 号;邮编:200120;E-mail:chinatelecom.sh@chinatelecom.cn),上海市建筑建材业市场管理总站(地址:上海市小木桥路 683 号;邮编:200032;E-mail:shgcbz@163.com),以供今后修订时参考。

主　编　单　位:中国电信股份有限公司上海分公司
　　　　　　　　上海邮电设计咨询研究院有限公司
参　编　单　位:中国移动通信集团上海有限公司
　　　　　　　　中国联合网络通信有限公司上海市分公司
　　　　　　　　中国铁塔股份有限公司上海市分公司
　　　　　　　　东方有线网络有限公司
主 要 起 草 人:傅志仁　许　浩　许　锐　吴炯翔　叶长青
　　　　　　　　於佳捷　徐文华　田广胜　李　辰　吴方贵
　　　　　　　　秦　超　张儒申　曹华梁　顾　安　马良川
　　　　　　　　陆蓓隽　茹伟光
主 要 审 查 人:陆唯群　邵　震　董　勇　祁　军　蒋　毅
　　　　　　　　王达威　罗凡云

上海市建筑建材业市场管理总站

目　次

Contents

1 总　则

1.0.1　为推进公众移动通信应用技术进步,规范本市公众移动通信网的建设,合理共享资源,特制定本标准。

1.0.2　本标准适用于本市建筑新建、改建、扩建公众移动通信室内信号覆盖系统的设计和验收。

1.0.3　公众移动通信室内信号覆盖系统的设计和验收除应符合本标准的规定外,尚应符合国家、行业和本市现行有关标准的规定。

2 术 语

2.0.1 公众移动通信　public mobile communication

向公众个人和集体开放、用户可在移动状态下使用的通信方式。

2.0.2 信号源　signal source

信号源为不同网络的各种基站设备或接入点设备。

2.0.3 基带处理单元　base band unit（BBU）

分布式基站设备中进行基带信号编码、复用、调制和扩频处理的单元。

2.0.4 射频拉远单元　remote radio unit（RRU）

分布式基站设备中用于在远端将基带信号转成射频信号及进行功率放大的设备。

2.0.5 多系统合路平台　point of interface（POI）

在多系统共享天馈分布系统时，将多路下行移动信号合路输出，并接收上行信号分路输出至相应接收机的一种设备。

2.0.6 有源天线单元　active antenna unit（AAU）

指射频拉远单元与天线合设的设备形态。

2.0.7 分布式无源天馈系统　distributed system with passive antenna-feeder

由无源天馈设备和器件组成的分布式无线信号覆盖系统。

2.0.8 分布式有源系统　distributed system with active devices

由有源设备和器件组成的分布式无线信号覆盖系统。

2.0.9 分布式有源与无源混合系统　distributed system with active and passive devices

由有源和无源设备及器件组成的分布式无线信号覆盖系统。

2.0.10 漏泄电缆系统　leaky coaxial cable system

由漏泄电缆和连接器件组成的特殊天馈信号覆盖系统。

2.0.11 家庭基站　home eNode B（HeNB）

为家庭用户提供蜂窝移动通信网接入服务，采用有线网络作为回传网络，并使用相应安全机制接入核心网，为家庭用户提供和宏基站一致的业务体验。

2.0.12 等效全向辐射功率　equivalent isotropically radiated power（EIRP）

供给天线的功率与指定方向上相对于绝对或全向增益的乘积。

2.0.13 接收信号强度指示　received signal strength indicator（RSSI）

CDMA2000 系统中接收信号的强度指示，用于评估总体覆盖水平时通常采用前向接收信号强度。

2.0.14 接收信号电平　received signal level（RxLev）

用于在 GSM 和 DCS 系统中描述下行接收的信号强度的统计参数，作为评估网络覆盖水平和进行射频功率控制、决策切换过程的依据。

2.0.15 接收信号码功率　received signal code power（RSCP）

WCDMA 与 TD-SCDMA 制式中下行终端接收信号多路径加权的码功率总和，用于评估网络总体覆盖情况时指导频信道的信号强度。

2.0.16 参考信号接收功率　reference signal received power（RSRP）

LTE 和 5G 网络中代表无线信号强度的关键参数以及物理层测量需求之一，是在该制式的测量频带上承载参考信号的所有资源单元接收到的信号功率的平均值。

2.0.17 同步参考信号接收功率　synchronization signal and PBCH block RSRP（SSB-RSRP）

5G 无线系统基于物理层同步信号和公共广播信道块测量的

参考信号接收功率。

2.0.18 全球导航卫星系统 global navigation satellite system （GNSS）

能在地球表面或近地空间的任何地点为用户提供全天候的三维坐标和速度以及时间信息的空基无线电导航定位系统。

2.0.19 建筑物引入管 entrance pipe of building

地下通信管道的人（手）孔与建筑物之间的地下连接管道。

2.0.20 前传 fronthaul

移动通信室内信号覆盖系统中基站前传指基带单元至射频拉远单元或前端汇聚单元的传输链路。

2.0.21 掉话率 call drop rate

语音业务掉话次数与接通次数的比值。

2.0.22 掉线率 dropping rate

数据业务掉线次数与接通次数的比值。

3 基本规定

3.0.1 公众移动通信室内信号覆盖系统的设计和验收应贯彻国家基本建设方针和技术经济政策,满足电信业务经营者各制式网络的接入要求,符合国家相关技术体制及技术标准,同时应密切结合通信发展的实际,合理利用频率资源。

3.0.2 公众移动通信室内信号覆盖系统的设计和验收应满足业务发展需求及运营维护需求,并应考虑新技术、新业务对网络建设的影响。

3.0.3 公众移动通信信号应覆盖建筑室内、建筑物和建筑群红线内的室外区域、地下公共建筑空间、电梯、无电梯建筑楼的楼梯,当室外基站信号无法满足上述覆盖要求时应建设室内信号覆盖系统,室内外信号覆盖应协同部署。

3.0.4 公众移动通信室内信号覆盖系统应满足目标覆盖区内公众移动终端在90%的位置、99%的时间可接入网络,并应为签约固定终端设备的安装位置提供良好覆盖、保证终端正常接入和业务运行。

3.0.5 公众移动通信室内信号覆盖系统应与本地宏基站、室外微站、固定电话与有线宽带接入、WLAN及专网通信等系统统筹集约化建设,公众移动通信不宜与专网通信共室内信号覆盖系统设计。

3.0.6 公众移动通信室内信号覆盖系统及配套建设应与环境协调。

3.0.7 公众移动通信室内信号覆盖系统的建设可分为移动通信室内信号覆盖系统与配套系统建设两部分,其中室内信号覆盖系统应包含信号源和分布系统,配套系统应包含机房设置、电源及动环监控、传输接入等。

4 系统设计要求

4.1 总体设计要求

4.1.1 公众移动通信室内信号覆盖系统设计应包括现场勘察、无线环境测试、室内信号覆盖系统建设必要性分析、业务需求预测、模拟测试、覆盖范围及指标确定、干扰分析，并应符合现行国家标准《无线通信室内覆盖系统工程技术标准》GB/T 51292 的规定。

4.1.2 天馈线系统应支持 700 MHz～5 000 MHz 范围内移动通信系统所使用的频段。

4.1.3 公众移动通信室内信号覆盖系统应根据覆盖场所业务量预测和建筑特征，合理选择分布式无源天馈系统、分布式有源系统、分布式有源与无源混合系统、漏泄电缆系统、AAU 放装、家庭基站放装等建设方式，应符合现行上海市工程建设规范《公共建筑通信配套设施设计标准》DG/TJ 08—2047 规定的原则，并宜符合表 4.1.3 的规定。

表 4.1.3 室内信号覆盖系统建设方式选择

建筑类型	功能区	建设场景	建设方式
办公建筑	通用、行政办公建筑	所有区域	分布式无源天馈系统或分布式有源与无源混合系统
旅馆建筑	四星级、五星级及以上	大堂、餐饮区域	分布式无源天馈系统或分布式有源与无源混合系统
		会议中心区域	分布式有源系统
		其他区域	分布式无源天馈系统
	三星级及其他服务等级	所有区域	分布式无源天馈系统

建筑类型	功能区	建设场景	建设方式
文化建筑	图书馆、档案馆、文化馆、博物馆	所有区域	分布式无源天馈系统或分布式有源与无源混合系统
观演建筑	剧场、电影院、广播电视业务建筑	娱乐集中区域	分布式无源天馈系统或分布式有源与无源混合系统
		其他区域	分布式无源天馈系统
会展建筑	会展建筑	布展区域	AAU放装或分布式有源系统
		其他区域	分布式有源系统
教育建筑	学校教学楼	高校报告厅、食堂、图书馆区域	分布式有源系统
		其他区域	分布式无源天馈系统
	学校宿舍	所有区域	分布式无源天馈系统或分布式有源与无源混合系统
金融建筑	金融建筑	所有区域	分布式无源天馈系统或分布式有源与无源混合系统
交通建筑	汽车、地铁、高铁客运站、机场大厅	出发等候、到达等候、贵宾、站台等人流集散聚集区域	分布式有源系统
		地铁隧道、公路隧道、管廊等狭长区域	漏泄电缆系统或分布式无源天馈系统
		其他区域	分布式无源天馈系统或分布式有源与无源混合系统
医疗建筑	门(急)诊楼	挂号和门(急)诊大厅、候诊、输液区域	分布式有源系统
		其他区域	分布式无源天馈系统
	住院楼、疗养院	所有区域	分布式无源天馈系统
体育建筑	带看台体育场	看台区域	分布式有源系统或AAU放装
		其他区域	分布式无源天馈系统
	其他体育建筑	新闻发布等人流集散聚集区域	分布式有源系统
		其他区域	分布式无源天馈系统

建筑类型	功能区	建设场景	建设方式
商店建筑	商店建筑	CBD 餐饮、娱乐、少儿培训聚集区域	分布式有源系统
		其他区域	分布式无源天馈系统
通用工业建筑	加工生产型	所有区域	分布式无源天馈系统或分布式有源与无源混合系统或家庭基站放装
	辅助型	所有区域	分布式无源天馈系统
地下空间	地下商业场所	所有区域	分布式有源系统或分布式无源天馈系统
	地下车库、仓库	所有区域	分布式无源天馈系统或分布式有源系统
设备层	设备层	所有区域	分布式无源天馈系统
住宅建筑	住宅建筑	所有区域	家庭基站放装或分布式无源天馈系统

注:隧道等狭长区域建设场景中,长隧道区间宜采用漏泄电缆方式覆盖;隧道口及短隧道区间宜采用板状天线覆盖,纳入分布式无源天馈系统。

4.1.4 系统设计应采用多天线小功率原则,应合理设置天线输出功率,并应满足公众电磁辐射安全要求。

4.1.5 室内信号覆盖系统各制式边缘接收场强和信噪比应符合表 4.1.5 的规定。

表 4.1.5 室内信号覆盖系统各制式边缘接收场强和信噪比要求

制式	参考场强指标	边缘场强(dBm)	信噪比(dB)
CDMA 800	RSSI	≥-85	≥-12
GSM 900	RxLev	≥-80	≥9
DCS 1800	RxLev	≥-80	≥9
WCDMA 2100	RSCP	≥-95	≥-10
LTE FDD 1800/2100	RSRP	≥-110	≥-3

制式	参考场强指标	边缘场强（dBm）	信噪比（dB）
TD-LTE 2300	RSRP	≥-110	≥-3
LTE FDD 800/900	RSRP	≥-110	≥-3
NB-IoT 800/900	RSRP	≥-115	≥-3
5G 700	SSB-RSRP	≥-110	≥0
5G 2100	SSB-RSRP	≥-110	≥0
5G 2600	SSB-RSRP	≥-110	≥0
5G 3500	SSB-RSRP	≥-110	≥0
5G 4900	SSB-RSRP	≥-110	≥0

4.1.6 公众移动通信室内信号覆盖系统网络服务质量指标应满足下列要求：

　　1 信道呼损率不应高于2%。

　　2 数据业务块差错率不应大于10%。

4.1.7 建筑物内公众移动通信室内信号覆盖系统的小区切换区域规划应遵循下列原则：

　　1 切换区域设置应综合考虑建筑空间特点、小区间干扰水平等因素设定。

　　2 应将电梯与低层划分为同一小区，电梯厅宜与电梯同小区覆盖。

4.1.8 系统建设中应合理设置室内信号覆盖系统与室外基站间的切换和重选：

　　1 常规室内覆盖小区与室外宏基站的切换区域应规划在建筑物的出入口处。

　　2 在不考虑室内信号向外延伸覆盖需求的情况下，在建筑物外10 m处，室内信号覆盖系统泄漏场强应低于室内覆盖指标10 dB以上。

　　3 建筑结构特殊、难以控制泄漏的场景，应采用外推切换区域、提高室外基站发射功率、调整室外基站天线方向角、室内采用定向天线覆盖窗边区域等措施控制干扰。

4.1.9 系统间的干扰协调应符合各系统杂散、阻塞和互调限值要求,应符合现行行业标准《电信基础设施共建共享技术要求》YD/T 2164 的干扰隔离规定,并应符合下列要求:

    1 室内覆盖不同系统天线设备边缘间最小距离不应小于 0.4 m。

    2 多系统共建分布式无源天馈系统应考虑 MIMO 功能实现,在 2 个单通道、上下行分 2 缆、大业务量全系统 2 个双通道、频分和时分系统 2 个双通道四类典型场景下宜采用表 4.1.9 的合路方式;漏泄电缆方式下各通道间距不应小于 0.4 m。

表 4.1.9 多系统共建分布式无源天馈系统典型合路方式

合路系统	模式	典型模式 1		典型模式 2		典型模式 3				典型模式 4			
		2 个单通道		上下行分 2 缆		大业务量全系统 2 个双通道				频分和时分系统 2 个双通道			
	通道	通道1	通道2	通道1	通道2	通道1	通道2	通道3	通道4	通道1	通道2	通道3	通道4
广电 5G 700								✓			✓		
移动 GSM/LTE FDD/NB-IoT 900						✓		✓					
移动 LTE FDD 1800						✓		✓		✓		✓	
移动 TD-LTE 1900/2100		✓		✓			✓		✓		✓		✓
移动 TD-LTE 2300		✓		✓			✓		✓		✓		✓
移动 TD-LTE/5G 2600		✓		✓					✓		✓		✓
联通 LTE FDD/NB-IoT 900						✓		✓		✓			

续表4.1.9

合路系统	模式	典型模式1		典型模式2		典型模式3				典型模式4			
		2个 单通道		上下行 分2缆		大业务量全系统 2个双通道				频分和时分系统 2个双通道			
	通道	通道1	通道2	通道1	通道2	通道1	通道2	通道3	通道4	通道1	通道2	通道3	通道4
电信/联通 LTE FDD 1800		√		√	√	√		√		√		√	
联通 WCDMA、电信/联通 LTE FDD/5G 2100		√		√	√	√		√		√		√	
电信/联通/广电 5G 3500		√		√				√			√		√
电信 CDMA2000/LTE FDD/NB-IoT 800						√		√		√		√	

4.2 集中式信号源

4.2.1 信号源设计应包括使用技术体制和频率选择、信号源类型选择、覆盖分区设置、容量配置、干扰协调分析、信号源安装设计、接口配置和 GNSS 天线安装设计。

4.2.2 对于覆盖场点或附近设有室外基站的建筑，在满足覆盖容量需求的条件下可采用与室外基站共用信源形式。

4.2.3 根据基带单元安装位置和现场安装条件，信号源同步可选择 GNSS 信号方式或地面网络方式。

4.2.4 基带单元安装设计应符合下列要求：

    1 共用信源时应选用插入损耗小的无源器件。

    2 安装在机架内的基带单元之间应预留不小于 1 U 的散热空间。

3 单个高度不低于 2 m 的 19″机架内安装的基带单元设备不宜多于 6 台。

4 在机架内安装的基带单元设备应在机架内可靠接地。

4.2.5 信号源采用 GNSS 同步时,系统设计应符合下列要求:

1 GNSS 应优先选择北斗系统。

2 多个基带单元共址设置时,GNSS 系统应通过合路方式建设,分路设计中应考虑合路器带来的插损。

3 GNSS 系统设置于本地时,设计要求应符合现行上海市工程建设规范《公共建筑通信配套设施设计标准》DG/TJ 08—2047 的规定。

4.2.6 信号源宜采用 GNSS、地面等一种以上同步方式。

4.3 分布系统

4.3.1 分布系统设计应包括通道设计、链路预算、分布式信源设计、无源器件设计、缆线和天线设计,其中分布式信源设计包含前端汇聚单元和远端射频单元设计。

4.3.2 前端汇聚单元设计应符合下列要求:

1 应靠近远端射频单元设置并就近可靠接地。

2 应优先设置于弱电间,并优先安装在综合机架内,无机架安装条件下可挂壁安装;其次宜设置于楼梯间并应安装于挂壁式综合机架内;综合机架应可靠接地。

3 潮湿环境下应安装在综合机架内。

4 综合机架内安装的设备之间应预留不小于 1 U 的散热空间。

5 应远离人员聚居区域,应减少设备噪声对人的影响。

6 挂壁安装时墙体应为水泥墙或非空心砖墙,并应符合安装承重要求。

7 设备挂壁安装时应避免墙体漏、渗水隐患,设备端口面不应朝上或朝下安装。

8 挂壁安装时,设备安装位置应便于缆线布放及维护操作,设备垂直方向四周应预留不小于 50 mm 的散热空间,设备前方应预留不小于 600 mm 的维护空间,设备下沿距地宜为 1 500 mm,并不应低于 300 mm。

4.3.3 综合机架箱体的防护性能应达到 IP 53 级的要求。

4.3.4 设备直接安装于地下和隧道内时,设备或安装机架应满足 IP 65 防护标准。

4.3.5 远端射频单元设计应符合下列要求:

1 应根据场点吊顶结构和覆盖需求选择吸顶、穿板吊顶、V 型箍卡接抱龙骨、吊筋等安装方式。

2 楼板为吊顶天花板、且无法吸顶安装,并天花板结构满足安装承重要求时,宜采用穿板吊顶方式。

3 天花板结构不满足承重要求时,可采用 V 型箍卡接抱龙骨的方式安装。

4 吊筋安装时,吊筋应牢固固定在房屋承重结构梁下。

5 远端射频单元作为定向天线使用时可挂墙安装,墙体应满足承重要求。

6 天线外置式远端射频单元天馈线接口不连接天馈线时应封堵。

4.3.6 分布系统天线设计应符合下列要求:

1 天线选型应根据系统合路、通道设计、辐射方向、极化方式和天线增益等要求确定。

2 天线位置及输出功率应根据模拟测试结果、室内环境覆盖要求、电磁环境辐射要求、泄漏要求、干扰协调等要求确定。

3 天线在主辐射方向上距人群经常居住和活动位置的最小安全距离应符合下列规定:

　　1)分布式无源天线在典型系统配置和 0.25 m 最小安全距离下,系统辐射功率应符合表 4.3.6-1 的规定。

表 4.3.6-1　分布式无源天线辐射安全距离和系统功率要求

频段（MHz）	等效平面波功率密度限值（W/m²）	系统数	多天线通道数	天线增益（dB）	天线增益（倍数）	天线辐射安全距离（m）	天线最大辐射功率（W）	单系统单通道最大功率（W）	单系统单通道最大功率（dBm）
30～3 000	0.40	5	1	3.50	2.24	0.25	0.14	0.028	14.5
30～3 000	0.40	8	1	3.50	2.24	0.25	0.14	0.018	12.4
3 000～15 000	0.47	3	1	3.50	2.24	0.25	0.16	0.055	17.4
3 000～15 000	0.47	3	2	3.50	2.24	0.25	0.16	0.027	14.4
30～15 000	0.40	5	1	3.50	2.24	0.25	0.14	0.028	14.5
30～15 000	0.40	8	1	3.50	2.24	0.25	0.14	0.018	12.4

2）内置天线的分布式有源远端单元在最大发射功率和典型配置下，最小安全距离应符合表 4.3.6-2 中"天线辐射安全距离"的要求；部署环境无法满足安全距离要求时，应降低发射功率。

表 4.3.6-2　内置天线的分布式有源远端单元辐射安全距离要求

频段（MHz）	等效平面波功率密度限值（W/m²）	系统数	多天线通道数	单系统单通道最大功率（dBm）	单系统单通道最大功率（W）	天线最大辐射功率（W）	天线增益（dB）	天线增益（倍数）	天线辐射安全距离（m）
30～3 000	0.40	1	2	24.0	0.250	0.50	3.00	2.00	0.45
30～3 000	0.40	1	4	26.0	0.400	1.60	3.00	2.00	0.80
3 000～15 000	0.47	1	4	24.0	0.250	1.00	2.00	2.00	0.58
3 000～15 000	0.47	1	4	27.0	0.500	2.00	4.00	2.51	0.93
30～15 000	0.40	2	6	—	—	—	—	—	1.41

3）TDD 系统根据实际时隙配置，经核算可放宽对分布式无源系统发射功率和分布式有源系统远端单元最小安全距离的要求。

4 天线设置应满足室内覆盖机房内安装维护通信、监控信号回传的要求。

5 采用一对单极化天线实现双通道分布式有源与无源混合系统覆盖的,天线间距宜为 1 m,并不应小于 0.6 m。

4.3.7 分布系统采用 POI 多系统合路时,POI 器件的功率容限应满足各系统总平均功率和峰值功率的要求,器件互调抑制应符合现行行业标准《无线通信室内信号分布系统 第 5 部分:无源器件技术要求和测试方法》YD/T 2740.5 的规定。

5 配套设计要求

5.1 机 房

5.1.1 公众移动通信室内信号覆盖系统中心机房和电信间设计应与固话和有线宽带接入系统统筹考虑,应符合现行上海市工程建设规范《公共建筑通信配套设施设计标准》DG/TJ 08—2047、《住宅区和住宅建筑通信配套工程技术标准》DG/TJ 08—606、《移动通信基站塔(杆)、机房及配套设施建设标准》DG/TJ 08—2301 的规定。

5.1.2 中心机房和电信间应根据覆盖区域面积、接入系统数量和业务量统筹集约化设置。

5.1.3 中心机房中公众移动通信系统占用面积设计应符合表 5.1.3-1 和表 5.1.3-2 的规定。

表 5.1.3-1 公共建筑和工业建筑中心机房公众移动通信系统占用面积

建筑类型		功能区	中心机房移动通信系统占用面积(m²)		
			建筑功能区面积≤10 000 m²	10 000 m²<建筑功能区面积≤100 000 m²	100 000 m²<建筑功能区面积≤200 000 m²
公共建筑	办公建筑	通用、行政办公建筑	10	20	30
	旅馆建筑	四星级、五星级及以上	10	25	45
		三星级及其他服务等级	10	25	40

— 16 —

续表 5.1.3-1

建筑类型	建筑类型	功能区	中心机房移动通信系统占用面积（m²）		
			建筑功能区面积≤10 000 m²	10 000 m²＜建筑功能区面积≤100 000 m²	100 000 m²＜建筑功能区面积≤200 000 m²
公共建筑	文化建筑	图书馆、档案馆、文化馆、博物馆	10	20	30
	观演建筑	剧场、电影院、广播电视业务建筑	10	20	30
	会展建筑	会展建筑	15	25	35
	教育建筑	学校教学楼	10	20	30
		学校宿舍	10	25	40
	金融建筑	金融建筑	10	20	30
	交通建筑	汽车客运站	15	30	50
	医疗建筑	门（急）诊楼	12	30	75
		住院楼、疗养院	12	30	45
	体育建筑	带看台体育场	15	35	60
	商店建筑	商店建筑	10	20	25
工业建筑	通用工业建筑	加工生产型	10	15	20
		辅助型	10	20	30

注：1 超高层建筑或建筑物建筑面积大于 20 万 m² 时，宜设置 2 个或 2 个以上中心机房。

2 医疗建筑门（急）诊楼和住院楼、疗养院两类功能区建筑面积比例大于 1：2 的应相应增加机房面积。

3 民用机场、铁路客运站、城市轨道交通站及隧道空间等建筑面积大于 20 万 m² 的公共建筑应根据实际情况制定方案，并不低于上述相关要求。

4 本表中各类型建筑室内覆盖仅考虑公众移动通信业务需求，行业应用的特殊需求应另行考虑。

表 5.1.3-2　住宅建筑中心机房公众移动通信系统占用面积

住宅建筑	住宅区终期规划住户数	1 000 户及以下	1 001 户～2 000 户	2 001 户～4 000 户
	中心机房移动通信系统占用面积（m²）	15	20	30

注：1　单栋建筑住宅小区不独立设置中心机房。
　　2　住宅区终期规模在 4 000 户以上的，宜分区域设中心机房。

5.1.4　电信间中公众移动通信系统占用面积设计应符合表 5.1.4-1 和表 5.1.4-2 的规定。

表 5.1.4-1　公共建筑和工业建筑电信间公众移动通信系统占用面积

建筑类型	功能区	占用面积（m²）
办公建筑	通用、行政办公建筑	4
旅馆建筑	四星级、五星级及以上	4
	三星级及其他服务等级	4
文化建筑	图书馆、档案馆、文化馆、博物馆	4
观演建筑	剧场、电影院、广播电视业务建筑	4
会展建筑	会展建筑	2
教育建筑	学校教学楼、学校宿舍	4
金融建筑	金融建筑	4
交通建筑	汽车客运站	4
医疗建筑	门（急）诊楼、住院楼、疗养院	4
体育建筑	带看台体育场	2
商店建筑	商店建筑	2
通用工业建筑	加工生产型	2
	辅助型	4
地下车库	地下车库	2
设备层	设备层	2

注：按单楼层每 2 500 m² 建筑面积设置 1 个电信间考虑。

表 5.1.4-2　住宅建筑电信间公众移动通信系统占用面积

建筑类型	住宅分类	占用面积(m²)
住宅建筑	高层住宅	≥5.0
	中高层住宅	≥3.0
	非别墅类多层住宅	≥1.0

注：非别墅类的低层、别墅类住宅设电信间时,其占用面积不宜小于 1.0 m²。

5.2　电源与散热

5.2.1　公众移动通信室内信号覆盖系统电源系统设计应符合现行国家标准《低压配电设计规范》GB 50054、《电力工程电缆设计标准》GB 50217、《通信电源设备安装工程设计规范》GB 51194 和现行行业标准《通信局（站）电源系统总技术要求》YD/T 1051、《移动通信基站工程技术规范》YD/T 5230 以及现行上海市工程建设规范《移动通信基站塔（杆）、机房及配套设施建设标准》DG/TJ 08—2301 的规定。

5.2.2　中心机房所在建筑内有低压变压器时,中心机房交流供电系统应采用 TN-S 接地方式。

5.2.3　设置在电信间的分布系统有源设备,可就近引接交流电源,也可通过中心机房统一供电。

5.2.4　中心机房中公众移动通信系统用电量设计应符合表 5.2.4-1 和表 5.2.4-2 的规定。

**表 5.2.4-1　公共建筑和工业建筑中心机房公众移动通信室内信号
覆盖系统供电要求**

建筑类型		功能区	中心机房用电量配置(kW)		
			建筑功能区面积≤10 000 m²	10 000 m²<建筑功能区面积≤100 000 m²	100 000 m²<建筑功能区面积≤200 000 m²
公共建筑	办公建筑	通用、行政办公建筑	15	30	65
	旅馆建筑	四星级、五星级及以上	15	50	100
		三星级及其他服务等级	15	45	85
	文化建筑	图书馆、档案馆、文化馆、博物馆	15	30	65
	观演建筑	剧场、电影院、广播电视业务建筑	15	30	65
	会展建筑	会展建筑	15	40	80
	教育建筑	学校教学楼	15	30	65
		学校宿舍		45	85
	金融建筑	金融建筑	15	30	65
	交通建筑	汽车客运站	15	60	120
	医疗建筑	门(急)诊楼	15	70	200
		住院楼、疗养院			100
	体育建筑	带看台体育场	15	80	150
	商店建筑	商店建筑	15	30	45
工业建筑	通用工业建筑	加工生产型	15	15	30
		辅助型	15	30	65

表 5.2.4-2　住宅建筑中心机房公众移动通信室内信号覆盖系统供电要求

住宅 建筑	住宅区终期规划住户数	2 000 户 及以下	2 001 户～ 4 000 户	4 001 户～ 6 000 户
	中心机房移动通信系统 用电量配置(kW)	20	35	50

5.2.5 电信间中公众移动通信系统用电量及电源插座设计应符合表 5.2.5-1 和表 5.2.5-2 的规定。

表 5.2.5-1　公共建筑和工业建筑电信间公众移动通信室内
信号覆盖系统供电要求

建筑类型		功能区	用电量配置 (kW)	组合电源 插座(组)
公共建筑	办公建筑	通用、行政办公建筑	10	2
	旅馆建筑	四星级、五星级及以上	12	2
		三星级及其他服务等级	10	2
	文化建筑	图书馆、档案馆、文化馆、博物馆	10	2
	观演建筑	剧场、电影院、广播电视业务建筑	10	2
	会展建筑	会展建筑	6	1
	教育建筑	学校教学楼、学校宿舍	10	2
	金融建筑	金融建筑	10	2
	交通建筑	汽车客运站	10	2
	医疗建筑	门(急)诊楼、住院楼、疗养院	12	2
	体育建筑	带看台体育场	6	1
	商店建筑	商店建筑	6	1
工业建筑	通用工业 建筑	加工生产型	6	1
		辅助型	10	2
所有建筑	地下车库	地下车库	6	1
	设备层	设备层	6	1

注：按单楼层每 2 500 m² 建筑面积设置 1 个电信间考虑。

表 5.2.5-2　住宅建筑电信间公众移动通信室内信号覆盖系统供电要求

建筑类型	住宅分类	用电量配置（kW）	组合电源插座组（组）
住宅建筑	高层住宅（地下建筑>1层）	≥3	2
	高层住宅（地下建筑为1层）、中高层住宅	≥2	2
	非别墅类多层住宅（带公共地下建筑）	≥1	1

注：非别墅类的低层、别墅类住宅设电信间时，其用电量可按照多层住宅配置。

5.2.6 电信间引电的计量设备较多时，宜设置集中式计量系统，并预留自动抄表接口。集中式计量系统数据采集可采用 RS 485 数据传输、电力线载波、低功耗短距离无线传输、移动物联网等方式。

5.2.7 通信设备应独立配置电源保护开关，保护开关不得复接，通信设备与电源保护开关应共机房安装。

5.2.8 电信间内移动通信设备额定功耗大于 5 kW 时，应结合空间及散热条件配备通风或制冷设备，否则宜错层或分不同电信间安装设备。

5.2.9 中心机房和电信间新增及扩容通信设备时应重新核算散热需求及进行必要的散热设施扩容，无散热设施扩容条件的应另择机房安装相关通信及配套设施。

5.3　管道与线缆

5.3.1 公众移动通信室内信号覆盖系统的缆线设计应符合现行国家标准《无线通信室内覆盖系统工程技术标准》GB/T 51292、《通信线路工程设计规范》GB 51158、《综合布线系统工程设计规范》GB 50311 和现行行业标准《移动通信基站工程技术规范》YD/T 5230 以及现行上海市工程建设规范《公共建筑通信配套设施设计标准》DG/TJ 08—2047 的相关规定。

5.3.2 建筑物引入管中移动通信室内信号覆盖系统预留管孔数不应少于3孔，各电信业务经营者可根据需求一次性或分批敷设子管。

5.3.3 信号源基带单元与前端汇聚单元间的最大光缆路由距离应根据前传光模块和光纤性能确定。

5.3.4 单个信号源基带单元连接的射频拉远单元或前端汇聚单元大于 6 个时,前传宜采用无源波分系统。

5.3.5 室内信号覆盖系统线缆穿管敷设时,应符合下列规定:

    1 距地高度 2 m 范围内应采用镀锌钢管。

    2 在吊顶或地板内应采用镀锌钢管。

    3 本市电气防火等级为一级的建筑物或场所应采用镀锌钢管,电气防火等级为二级的建筑物或场所宜采用镀锌钢管。

    4 其他条件下可选用镀锌钢管或 PVC 管。

    5 穿管固定点位的间距不应大于 1 m。

5.3.6 分布式无源天馈系统主干馈线和长度超过 15 m 的平层馈线规格对 2.6 GHz 及以下系统不应低于 7/8″,对 3.5 GHz 系统宜采用 5/4″;末端及平层距离较短的馈线规格对 2.6 GHz 及以下系统不应低于 1/2″,对 3.5 GHz 系统宜采用 7/8″。

5.3.7 连接远端射频单元和外置天线的馈线,布线距离不宜大于 30 m。

5.3.8 铁路、城市轨道交通、公路的隧道区间部署移动通信信号覆盖应符合现行国家标准《公众移动通信隧道覆盖工程技术规范》GB/T 51244 的规定,在地铁隧道内敷设漏泄电缆时宜以车窗中心高度为中心基准,相邻缆间距不应小于 0.4 m。

5.3.9 漏泄电缆覆盖电梯井等窄小环境时宜采用耦合型缆;覆盖地铁隧道等其他环境时宜采用辐射型缆。

5.3.10 漏泄电缆不得与未采用屏蔽隔离措施的其他系统电缆平行贴近敷设。

5.3.11 对绞电缆设计应符合现行行业标准《数字通信用对绞/星绞对称电缆 第 2 部分:水平对绞电缆》YD/T 838.2 的相关规定。

5.3.12 5G 系统用对绞电缆规格不应低于屏蔽型 Cat6,其他系统对绞电缆规格不应低于 Cat5a。

5.3.13 光电混合缆设计应符合现行行业标准《接入网用光电混合缆》YD/T 2159 的相关规定。

5.3.14 分布式有源系统各单元间采用级联方式连接时,应采用光电混合缆。

5.3.15 光电混合缆的规格应根据敷设长度及其电缆压降取定,并不宜大于 200 m,超长情况下光、电线缆应独立敷设,远端设备应就近取电。

6 验收要求

6.0.1 工程验收应包括建筑配套和通信系统验收两个阶段:

1 建筑配套验收应与建筑工程验收同步进行。

2 通信系统验收应包括工程初验、工程试运行和工程终验,并应符合图 6.0.1 的验收流程。

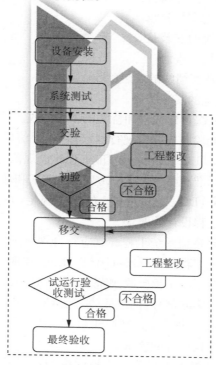

图 6.0.1 验收流程图

6.0.2 建筑配套验收内容应包括：

1 涉及室内信号覆盖系统部署的总平面布置、建筑和结构的验收。

2 中心机房和电信间的初次装修验收。

3 通信接入管道和建筑物内暗管的验收。

4 线槽和桥架的安装验收。

5 交流配电箱的安装验收。

6.0.3 通信系统验收内容应包括：

1 机房、电源等配套设施安装验收。

2 信号源的安装验收。

3 分布系统的安装验收。

4 安装环境检查。

5 GNSS及其馈线的安装验收。

6 防雷接地的安装验收。

7 缆线布放、自建线槽和桥架的工艺验收。

6.0.4 建筑配套验收应符合现行国家标准《通信局站共建共享技术规范》GB/T 51125和现行上海市工程建设规范《公共建筑通信配套设施设计标准》DG/TJ 08—2047、《住宅区和住宅建筑通信配套工程技术标准》DG/TJ 08—606的相关规定，并应符合本标准第5章和项目工程设计的要求。

6.0.5 室内信号覆盖系统工程验收应符合现行国家标准《无线通信室内覆盖系统工程技术标准》GB/T 51292和现行行业标准《无线通信室内覆盖系统工程验收规范》YD/T 5160、《无线通信室内信号分布系统 第6部分：网络验收方法》YD/T 2740.6和《移动通信基站工程技术规范》YD/T 5230的规定，并应符合本标准第4章和项目工程设计的要求。

6.0.6 室内信号覆盖系统验收中掉话率和数据业务掉线率不应高于2%。

6.0.7 基带单元与前端汇聚单元设备间连接线缆的平直度和弯

曲半径应符合设计要求,外部接线端子应做防水密封处理。

6.0.8 在金属吊顶安装天线、远端射频单元时,应在天线、远端射频单元与吊顶板材间设置绝缘垫片。

6.0.9 线缆敷设、接头处理应符合设计要求及各种类型线缆的工艺要求。

6.0.10 漏泄电缆敷设路由、覆盖角度设置、弯曲半径、防水密封及接地处理等应符合设计要求。

本标准用词说明

1　为便于在执行本标准条文时区别对待,对于要求严格程度不同的用词说明如下:

1)表示很严格,非这样做不可的用词:

正面词采用"必须";

反面词采用"严禁"。

2)表示严格,在正常情况下均应这样做的用词:

正面词采用"应";

反面词采用"不应"或"不得"。

3)表示允许稍有选择,在条件许可时首先应这样做的用词:

正面词采用"宜";

反面词采用"不宜"。

4)表示有选择,在一定条件下可以这样做的用词,采用"可"。

2　本标准中指定应按其他有关标准执行时,写法为"应按……执行"或"应符合……的规定"。

引用标准名录

1 《电磁环境控制限值》GB 8702
2 《建筑抗震设计规范》GB 50011
3 《建筑设计防火规范》GB 50016
4 《低压配电设计规范》GB 50054
5 《电力工程电缆设计标准》GB 50217
6 《建筑内部装修设计防火规范》GB 50222
7 《综合布线系统工程设计规范》GB 50311
8 《智能建筑设计标准》GB 50314
9 《通信局(站)防雷与接地工程设计规范》GB 50689
10 《通信局站共建共享技术规范》GB/T 51125
11 《通信线路工程设计规范》GB 51158
12 《通信电源设备安装工程设计规范》GB 51194
13 《公众移动通信隧道覆盖工程技术规范》GB/T 51244
14 《无线通信室内覆盖系统工程技术标准》GB/T 51292
15 《通信设备安装工程抗震设计标准》GB/T 51369
16 《数字通信用对绞/星绞对称电缆 第2部分:水平对绞电缆》YD/T 838.2
17 《通信局(站)电源系统总技术要求》YD/T 1051
18 《接入网用光电混合缆》YD/T 2159
19 《电信基础设施共建共享技术要求》YD/T 2164
20 《无线通信室内信号分布系统技术要求和测试方法》YD/T 2740
21 《无线通信室内信号分布系统 第5部分:无源器件技术要求和测试方法》YD/T 2740.5

22 《无线通信室内信号分布系统 第6部分:网络验收方法》YD/T 2740.6

23 《投入运营基站的射频电磁场测量及其人体暴露限值符合性判定的规定》YD/T 3731

24 《通信工程建设环境保护技术暂行规定》YD 5039

25 《通信建筑抗震设防分类标准》YD 5054

26 《通信设备安装抗震设计图集》YD 5060

27 《移动通信直放站工程技术规范》YD 5115

28 《无线通信室内覆盖系统工程设计规范》YD/T 5120

29 《无线通信室内覆盖系统工程验收规范》YD/T 5160

30 《通信局(站)节能设计规范》YD 5184

31 《电信基础设施共建共享工程技术暂行规定》YD 5191

32 《通信建设工程安全生产操作规范》YD 5201

33 《移动通信基站工程技术规范》YD/T 5230

34 《住宅区和住宅建筑通信配套工程技术标准》DG/TJ 08—606

35 《公共建筑通信配套设施设计标准》DG/TJ 08—2047

36 《民用建筑电气防火设计规程》DGJ 08—2048

37 《移动通信基站塔(杆)、机房及配套设施建设标准》DG/TJ 08—2301

上海市工程建设规范

公众移动通信室内信号覆盖系统
设计与验收标准

DG/TJ 08—1105—2022
J 10689—2022

条文说明

2022　上海

目　次

Contents

1 总　则

1.0.3 公众移动通信室内信号覆盖系统建设的相关国家、行业和本市现行标准中,室内信号覆盖系统设计与验收方面有现行国家标准《无线通信室内覆盖系统工程技术标准》GB/T 51292、《通信设备安装工程抗震设计标准》GB/T 5136、《电磁环境控制限值》GB 8702,现行行业标准《无线通信室内覆盖系统工程设计规范》YD/T 5120、《无线通信室内覆盖系统工程验收规范》YD/T 5160、《无线通信室内信号分布系统技术要求和测试方法》YD/T 2740、《通信设备安装抗震设计图集》YD 5060、《通信建设工程安全生产操作规范》YD 5201、《电信基础设施共建共享技术要求》YD/T 2164、《投入运营基站的射频电磁场测量及其人体暴露限值符合性判定的规定》YD/T 3731、《移动通信直放站工程技术规范》YD 5115、公众移动通信各制式技术标准等;配套设计与验收方面有现行国家标准《建筑抗震设计规范》GB 50011、《建筑设计防火规范》GB 50016、《建筑内部装修设计防火规范》GB 50222、《综合布线系统工程设计规范》GB 50311、《通信局(站)防雷与接地工程设计规范》GB 50689、《通信局站共建共享技术规范》GB/T 51125,现行行业标准《通信建筑抗震设防分类标准》YD 5054、《通信建设工程安全生产操作规范》YD 5201、《通信局(站)节能设计规范》YD 5184、《通信工程建设环境保护技术暂行规定》YD 5039、《电信基础设施共建共享工程技术暂行规定》YD 5191、《电信基础设施共建共享技术要求》YD/T 2164,现行上海市工程建设规范《住宅区和住宅建筑通信配套工程技术标准》DG/TJ 08—606、《公共建筑通信配套设施设计标准》DG/TJ 08—2047 等。

2 术 语

2.0.8 目前主要包括主设备商提供的分布式信源系统和集成商提供的光分布系统两种类型,随着开放无线接入网技术的发展,主设备商阵营将不断扩大。

2.0.11 家庭基站及其英文用词为 LTE 阶段术语,5G 阶段采用有线宽带网络回传机制的微基站形态尚无标准定义,本标准中借用 LTE 术语同时代表 5G 阶段同机制下工作的微基站。

4 系统设计要求

4.1 总体设计要求

4.1.2 公众移动通信室内信号覆盖系统制式见表 1。

表 1 公众移动通信室内信号覆盖系统制式

电信业经营者	序号	工信部许可系统	本市室内覆盖优先建设系统
电信	1	800 MHz CDMA2000	—
	2	800/1800/2100 MHz LTE FDD/NB-IoT/eMTC	1800/2100 MHz LTE FDD
	3	2100/3500 MHz 5G	2100/3500 MHz 5G
移动	4	900/1800 MHz GSM	—
	5	900/1800 MHz LTE FDD/NB-IoT/eMTC	—
	6	1900/2100/2300/2600 MHz TD-LTE	1900/2100/2300/2600 MHz TD-LTE
	7	2600/4900 MHz 5G	2600 MHz 5G
联通	8	900/1800 MHz GSM	—
	9	900/2100 MHz WCDMA	2100 MHz WCDMA
	10	900/1800/2100 MHz LTE FDD/NB-IoT/eMTC	1800/2100 MHz LTE FDD
	11	2100/3500 MHz 5G	2100/3500 MHz 5G
广电	12	700/3500/4900 MHz 5G	—

4.1.3 现行上海市工程建设规范《公共建筑通信配套设施设计标准》DG/TJ 08—2047 中规定,应根据公共建筑的类型及功能区、

结合容量规划选择移动通信室内覆盖建设方式,室内建设方式选择宜符合表 2 的规定。

表 2　室内覆盖建设方式

移动通信业务量密度	建筑特征	室内覆盖方式
高密度区域	各种构型	分布式有源方式
中、低密度区域	封闭性强、隔断多	分布式有源或 分布式有源与无源混合方式
	开放、隔断少	分布式有源与无源混合或 分布无源天馈方式
	隧道、封闭走廊、狭长区域	漏泄电缆或 分布式有源与无源混合方式

表 4.1.3 建筑类型及功能区划分参照现行国家标准《智能建筑设计标准》GB 50314。

4.1.9 室内覆盖不同系统天线设备边缘间距和各合路通道漏泄电缆间距指标根据本市工程经验取定。

4.2　集中式信号源

集中式信号源包括 BBU、RRU 和直放站,不包含远端射频单元;远端射频单元列入分布系统。

4.3　分布系统

4.3.3 IP53 防护等级中防止固定异物进入的防护等级要求为防尘——即进入设备外壳的灰尘量不得影响设备的正常运行和安全,防止水进入的防护等级要求为防淋水——即外壳垂直面在 60°范围内淋水下无有害影响。

4.3.4 IP65 防护等级中防止固定异物进入的防护等级要求为尘密——即无灰尘进入,防止水进入的防护等级要求为防喷水——

即向外壳各方向喷水无有害影响。

4.3.5 远端射频单元吸顶、穿板吊顶、V 型箍卡接抱龙骨、吊筋和壁挂方式安装示意见图 1。

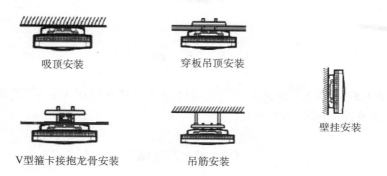

吸顶安装　　　　　　穿板吊顶安装　　　　　　　　壁挂安装

V型箍卡接抱龙骨安装　　　　吊筋安装

图 1　远端射频单元安装方式示意图

5 配套设计要求

5.1 机　房

5.1.3　表 5.1.3 建筑类型及功能区划分参照现行国家标准《智能建筑设计标准》GB 50314。

5.3　管道与线缆

5.3.5　3　本市电气防火等级依据现行上海市工程建设规范《民用建筑电气防火设计规程》DGJ 08—2048。